我的第一本科学漫画书·探险百科系列

病毒世界历险记 1

바이러스에서 살아남기 1

Text Copyright ⓒ 2008 by Gomdori co.
Illustrations Copyright ⓒ 2008 by Han Hyun-dong
Simplified Chinese translation Copyright ⓒ 2009 by 21st Century Publishing House
This translation Copyright is arranged with Mirae N Co., Ltd.(I-seum)
All rights reserved.
版权合同登记号　14-2009-029

图书在版编目(CIP)数据

病毒世界历险记. 1 / 小熊工作室文；(韩) 韩贤东图；
苟振红译. -- 3 版. -- 南昌：二十一世纪出版社集团, 2020.4(2025.2 重印)
(我的第一本科学漫画书. 探险百科系列)
ISBN 978-7-5568-4459-3

Ⅰ.①病… Ⅱ.①小… ②韩… ③苟… Ⅲ.①病毒–
少儿读物 Ⅳ.①Q939.4-49

中国版本图书馆 CIP 数据核字(2020)第 034565 号

我的第一本科学漫画书·探险百科系列

病毒世界历险记① BINGDU SHIJIE LIXIAN JI①

[韩] 小熊工作室 文　[韩] 韩贤东 图　苟振红 译

出 版 人	刘凯军
责任编辑	张海虹
美术编辑	陈思达
责任制作	章丽娜
出版发行	二十一世纪出版社集团
	(江西省南昌市子安路 75 号　330025)
网　　址	www.21cccc.com
承　　印	江西宏达彩印有限公司
开　　本	787 mm×1092 mm　1/16
印　　张	11
字　　数	110 千字
版　　次	2009 年 10 月 第 1 版　2013 年 6 月第 2 版　2020 年 4 月第 3 版
印　　次	2025 年 2 月第 37 次印刷
书　　号	ISBN 978-7-5568-4459-3
定　　价	35.00 元

赣版权登字—04—2013—320　版权所有,侵权必究
购买本社图书,如有问题请联系我们;扫描封底二维码进入官方服务号。
服务电话:0791-86512056(工作时间可拨打);服务邮箱:21sjcbs@21cccc.com。

我的第一本科学漫画书·探险百科系列

病毒世界

历险记 ①

[韩]小熊工作室 /文　　[韩]韩贤东/图　　苟振红/译

21 二十一世纪出版社集团
21st Century Publishing Group

人类的历史，从某种程度上而言，也是与病毒斗争的历史。

从古埃及就有的天花病毒，到 1918 年大流行的流感病毒，再到目前引起全世界关注的埃博拉病毒及新型冠状病毒……回顾历史，人类受到各种传染病的折磨，这迫使人类不断利用新的科学技术来认识疾病、战胜疾病。

当地球上诞生第一个细胞时，很可能病毒就存在了。病毒在地球上存在的历史甚至比人类的还要长，它们生活在地球上，存在于海洋、冰川、沙漠及森林和湖泊中，一直依赖细胞生命生存至今。因为各种机遇，病毒被带到人类世界，不仅使个别的人生病，有时还会发展成为流行性疾病。不过，随着人类社会的发展，我们的科学技术一直在进步。人类不断用各种先进的医学技术来击退疾病、消灭疾病。

目前国内面向中小学阶段孩子们阅读的有关病毒知识的读物很少，通过有趣的漫画形式来给小读者传播有关病毒、传染病这类知识的儿童读物更是少之又少。《病毒世界历险记》不仅讲述了紧张有趣的探险故事，还介绍了许多与病毒有关的科学知识，比如什么是病毒、病毒的分类、传染病的历史、如何预防传染病等。

亲爱的小读者，我们要明白，科学是战胜疾病、攻克病毒的基础。要从小努力学习科学文化知识，多阅读、多思考。希望你们能够通过《病毒世界历险记》对"病毒世界"有个大概的了解，同时培养自己对科学的好奇之心和探索之心，不断进步，茁壮成长。

中华预防医学会研究员　王芃

我们经常听到"病毒"这个词。不为肉眼所见的病毒到底是什么呢？冬季易患的感冒与流感是由病毒感染所引起的，曾经令全世界的人们陷入恐惧之中的SARS也是由病毒感染所引起的。

虽然病毒比人类更早存在于地球上，但是人类到了19世纪才得知病毒的存在并研发出病毒疫苗。得益于疫苗的帮助，从古至今曾造成无数人死亡的天花，这种病毒性疾病已在地球上销声匿迹。现在人们对麻疹、风疹、流行性腮腺炎、小儿麻痹、乙脑、流感、乙肝等多种疾病已经实行了预防接种。

与此同时，原先在荒无人烟的热带丛林或高原地带存在的病毒，随着人类现代社会的快速发展，也开始在全世界传播，且传播的速度日益加快。新病毒的出现给人类带来了极大的威胁。对于像埃博拉病毒，以及最近出现的新型冠状病毒等难以控制的新病毒，科学家们仍然会担心它们再暴发，并一直在研究控制与消灭这些病毒的方法。

尽管病毒与人类为了各自的生存而争斗着，但是没有一方取得过压倒性的绝对胜利。只要人类存在，与病毒的战争就会一直持续下去。

在本书中，主人公智伍远赴边远地区进行探险，在原住民村落遇见了细心、谨慎的医科大学学生凯恩和行为莽撞、不拘小节的皮皮，他们一起加入了探险队。在丛林深处，其他的探险队员突然感染某种病毒，相继病倒。为了拯救队友，智伍和朋友们冒险进入了丛林，他们能够战胜可怕的病毒吗？

小熊工作室　韩贤东

目 录

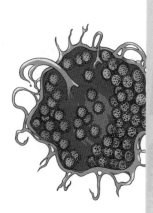

出场人物

不用担心,交给我就行了!

智伍

参加世界边远地区探险营的韩国少年。不顾朋友们的劝阻,接种了多种疫苗,携带了大量抗生素去边远地区进行探险。

由于反复感染疱疹病毒被探险队隔离,但在探险队面临危难时挺身而出,使同伴脱离困境。在困难面前,他总是充满自信。

嗯,这点小伤口抹上口水不就行了?

皮皮

智伍在原住民村落遇到的女孩,外表可爱,但行为莽撞。因为不讲卫生,所以最先感染病毒。由于自身免疫系统强大,在营地的孩子们全部倒下的情况下,她却能顽强地继续探险。

虽然性格大大咧咧、不拘小节,但是在遇到困难时,比谁都更有义气。

呃啊啊啊！血！我不干了！

凯 恩

　　将卫生与安全视为最重要的事的医科大学学生。无意中参加了探险队，和不合拍的智伍一起进行探险。

　　虽然将来要当医生，但是有严重的恐血症，而且讨厌危险的事情。探险队里发现未知病毒后，他想方设法找各种借口打算先离开。

　　不过，在危急时刻，他凭借丰富的医学知识，成功帮助大家脱离了险境，是孩子们信赖的大哥哥。

带着病痛
踏上旅途的
摄影家大叔

会使用可怕咒语、
原住民村落的
巫师爷爷

喜欢胁迫人、关队员
禁闭及以势压人的
探险队队长

第1章
出发去边远地区探险

哈哈哈，你们是知道我作为韩国少年冒险王要去参加世界边远地区探险营，才来送我的吗？

不用担心！我一定会平安、顺利归来的。

那个，作为朋友，我有话要对你说……

什么？

你呀，能活着回来就谢天谢地了！

是啊！

是啊！

昨天我看了电视，说你要去的丛林地区有致命的蚊子！

什么?!

致命的蚊子？那是真的吗？

恐惧

那儿的蚊子会一直吸人血使人丧命吗？

不是被蚊子吸干血丧命，而是蚊子在叮咬人时将致命的病毒注入了人体血液中。

那些病毒侵入人体后，

病毒

细胞

嘿嘿!

会不停地复制，破坏人体细胞，

软绵绵

侵害人们的身体！

各种病毒

呜呜!

像黄热病和登革热就是通过某些蚊子来传播的。

据说感染黄热病后，头部会剧烈疼痛，十分痛苦……

智伍呀！你再考虑考虑吧！

是啊，为了探险而丢了性命太不值了吧？

不用担心！我智伍从不打无准备之仗，我已经做了充分的准备！

嗖

当当当！

你的胳膊怎么了？你已经生病了吗？

啊

这都是接种疫苗的痕迹！我注射了预防黄热病、霍乱、伤寒、乙脑、脑膜炎的疫苗，甚至还吃了预防疟疾的药！

现在我的身体拥有最强大的抗体！

真恐怖……打针不疼吗？

另外还准备了蚊帐、灭蚊药……

难道他是去抓蚊子的吗？

注意……
KE083 航班马上就要起飞了！

啊！

反正我会平安归来的,你们就别担心啦！

好,好吧！千万小心！

应该不会发生什么事吧？

智伍这家伙……

即便发生什么事也会活着回来的。

13

飞机已经降落,请大家带好自己的随身物品……

啊,要迟到了!

居然起晚了……

请给我一杯果汁!

呃!

停住

啊!

啊,我的行李!

好黏!

我来帮您收拾吧。

滴答

不行,不要乱摸!!

你想用黏糊糊的手摸哪儿呢?这可是用拍立得拍的、世界上仅此一张的照片!

大叔,您的手臂受伤了,还是我来收拾……

真想帮忙的话,你还是先洗干净手吧!

是,是!

这样的话肯定赶不上飞机了。

我来帮您吧。

多谢了。

哎呀！厕所里怎么这么多人啊？

咦？

什么嘛，怎么能把我的行李扔在这儿，自己走了？

嗯?

是那个大叔丢失的吗?

啊,好不容易赶上了。

我来了!

这位乘客，您还好吗？有什么需要的请尽管吩咐。

请、请给我点感冒药……

乘客！

啊！对不起了。

病毒是什么

"病毒"这个词源自拉丁语中的"virus",在拉丁语中是"毒"的意思。病毒是到目前为止人类所知的最小的生命体。一般的光学显微镜无法观测到病毒,直到电子显微镜被发明之后,人们才确知病毒的模样。病毒大多为杆状或球形,主要由生存必需的基本物质核酸(DNA 或 RNA)及包裹着核酸的蛋白质衣壳构成。这种构造十分简单,与生命体的原始形态非常相似。

病毒与生命体的不同之处,在于病毒不会发生新陈代谢。生命体的一般特性是:独立摄取食物,通过新陈代谢得到能量,生长发育,然后繁殖后代。而病毒不会摄取食物,也不会发生新陈代谢,它不能像生命体一样靠自己的力量成长,只有侵入动物及植物等生命体内才能生存,然后复制出与自己一模一样的后代。病毒的这种侵入性的增殖行为会破坏它们所侵入的细胞并引起疾病,这就是"感染"。

从外部结构来说,根据病毒有无包膜,病毒可分为包膜病毒和无包膜病毒两类。包膜病毒可让生命体持续感染,它们在人体内有更好的伪装性,不易被免疫系统察觉。而无包膜病毒在体外的生存力更强,因为它们对温度、PH 值等环境变化的容忍度更高。

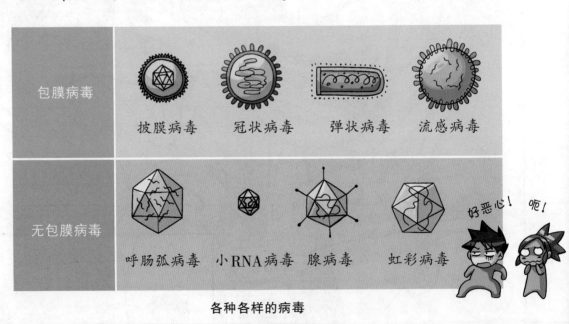

各种各样的病毒

病毒与细菌

病毒与细菌看起来很相似，但严格来说，两者在很多方面存在差异。它们在外观、大小、构造、繁殖方式、治疗方法等方面都有所不同。

	细 菌	病 毒
外 观	白喉杆菌	狂犬病病毒
大 小	因种类不同而有所差异，一般大小为几微米（μm，一米的百万分之一）。	是普通细菌的千分之一大小，杆状的有数百纳米（nm，一米的十亿分之一）长，球形的直径一般为几十纳米。
构 造	是一种原核生物，细胞核无核膜包裹，只存在裸露DNA的原始单细胞生物。	由核酸（DNA 或 RNA）以及围绕着核酸的蛋白质衣壳构成，比细菌更原始。
繁殖方式	独立摄取食物，通过消化过程长大。在土地、水、空气、人的体内、死亡的个体等能供给食物的场所，以细胞分裂的形式繁殖后代。	不能独立进食或生长，必须生存在其他活的细胞体内。在宿主细胞内，以自我复制的方式进行增殖。
治疗方法	要杀死细菌，可以用抗生素。	要杀死病毒，使用抗生素一般作用不大，必须使用抗病毒的药物。

第 2 章
原住民村落的朋友们

嘿嘿,现在正是拍照的好时机。

咔嚓

咔嚓

小心点啊!原住民们现在仍然害怕被拍照呢。

啊,是吗?

啊……好可爱!

你、你也是原住民吗?

不是啊!翻过那座山,就是我住的地方。

啊,你也是来探险的?

我们好好相处吧。我叫智伍。

她看起来真可爱!

请多多关照!我叫皮皮。

23

不过……

吭

吭吭

从哪儿来的这股臭味？

嗡嗡

!!

不用担心，蚊子我来处理！

唰

驱蚊剂

啪

啪

哎呀！

24

呃！看来蚊子已经吸了谁的血，皮皮你的手上全是血。

是啊！大家都到那边集合了。快点走吧！

怎么能把那个擦在衣服上呢？

仔细看看

油腻发硬的头发！

随地乱坐的裙子！

脏兮兮的手！

黑乎乎的脚！

虽然很可爱，但是根本没有卫生意识……

你知道自己没有团队意识吗？

呼！呜！

真是太过分了！集合晚了一点就让我做这么多事情！

嘣啪

谢谢你帮我,皮皮。

啊啊！

哇！

没事！朋友就是要互相帮助啊。

哈哈,你的脸黑了。

你的脸也一样。

哎呀,真的吗?

你、你干什么呢？

这样好一点了吧？

啊呀！

皮皮！千万别那样了！

为什么？

那、那不是很脏吗？

为什么？将口水涂在自己的脸上，有什么脏的？

自己的口水就不脏吗？

口水本来就很脏啊。

胡说，口水可不脏。

什么？你是谁？

啊？

口水里含有乳铁蛋白、溶菌酶、免疫蛋白质等抗菌物质及缓和疼痛的物质双重肽酶抑制剂，以及消化酶、淀粉酵素等有益成分。

口水可以阻挡有害细菌、减轻口腔的疼痛，还可以帮助消化。

你在说什么呢?!

嗯?

哎呀……

呃

但是手很脏的。

所以你别靠近我。

哎，这是误会！

脏兮兮

我就说了，口水不脏吧！嘿嘿！

垂涎三尺

啊？

我的手不知道有多干净呢。

呃！

脏兮兮

不是的，皮皮。你不知道人的手上大约有数十万个细菌吗？

啊？

你的手上估计有数百万个。

手很容易沾上细菌。另外用手摸眼睛、鼻子、嘴巴、皮肤时，细菌会进入体内引发各种疾病，也会传染给其他人。

抓公共汽车把手时

翻书时

抓门把手时

按马桶冲水器时

只要好好洗手，就能预防60%的感染性疾病。

哇！你好聪明啊！你也做医生吧，应该很合适！

哈哈哈

我做什么都行！

哼，你以为谁都能当医生吗？

大叔你都能当，难道我就不行吗？

什么？大叔？你觉得我有那么老吗？

好啊！你看起来很了不起的样子，那你应该知道被病毒感染之后怎么办吧。

当然了，只要吃抗生素就可以了！我提前做了准备，带了很多来。

皮皮，你不舒服只管说！

啊，谢谢了！

果然！连病毒与细菌的差别都不知道，还说什么大话！

什、什么差别？

抗生素可以用来消灭细菌,却不能用来消灭病毒。

细菌

病毒

细菌是生物,但病毒是介于生物与非生物之间的存在体。

我自己就可以生存。

我寄生在别人身上也能生存一段时间。

细菌

病毒

病毒侵入宿主的细胞后,就会不停地复制自己,以此而存活。

进攻!

细胞

抗生素的主要作用是抑制细菌繁殖生长,而病毒对抗生素并不敏感,抗生素对病毒一般作用不大,并且在杀死病毒的同时,对正常细胞也会有一定的损害。

呼呼呼!你能杀死我吗?细胞也会死掉的!

抗生素

这些家伙!

死去的细胞们

你可别小看病毒哦!

哈哈哈

我的身体早就做了预防措施,根本不用担心!

什么?

31

什么？

啊，对了。

你只是注射了几种已经研制出来的疫苗而已！

这个世界上别说那些没被研发出来的疫苗或治疗药品，没被发现的病毒也有很多。

真无知！

我上周注射了预防流感的疫苗，但还是得了流感。医生说，因为流感的病毒种类很多，而且经常发生变异。

那、那么……

这说明我也是不安全的吗？

呃啊！怎么这样？

这个世界上没有绝对免疫病毒的生物。

病毒王

人类在地球上生活了二三百万年，但病毒却已经在地球上存在了几十亿年！

咦，真好吃！

哥哥，你吃点这个吧。

你吃的东西给我干什么？

好像少了点什么，是什么呢？

嘿嘿嘿

翻找

啊，对了！吃马铃薯可少不了这个。

咦？

当当当！泡菜！

嗯?

难道大家没听说过泡菜有利于健康吗?

哎,真让我寒心!我带了很多来,一起吃吧!

咚

啊啊,这是什么气味啊?

什么……什么啊?连韩国的著名食品泡菜都不知道吗?这个不但味道好,对身体也有好处呀!

这么好的东西,你们确定不要试试?

啪

简直是把我当成病毒了嘛。

喷 喷

啊,大叔还在啊!未来的医生……

味道很冲,赶紧拿开。

我们体内的第一道防御系统

我们的身体为了阻止病原体进入体内，会采用多种方法进行防御，与此相关的器官与组织、细胞等全部称为"免疫系统"。免疫系统的作用是用多种多样的方法将细菌及病毒等病原体击退。

口腔内的唾液

人在一天内分泌和吞咽的唾液有1升左右。唾液内不仅含有淀粉酵素、胃蛋白酶、唾液淀粉酶、黏蛋白等帮助食物消化的物质，而且含有能杀死病原体的杀菌物质。健康人的唾液中含有十几种的消化酶、维生素、无机物等，因此口腔内的伤口一般可以自行愈合。唾液不仅可以保护口腔少受病原体的攻击，还可以削弱某些食物中致癌物质的毒性。所以，我们要细嚼慢咽，让唾液与食物充分混合。唾液就像是我们身体的"守门员"。

舌下腺
颌下腺
腮腺

唾液腺

眼皮与眼泪

眼皮与眼泪可以保护我们的眼睛不受外部有害物质的侵害。当遇到突如其来的攻击时，眼皮会反射性地闭合，来保护眼睛。眼泪中含有一种叫作"溶菌酶"的酶，具有抗菌、消炎的作用，能够杀死进入我们眼中的病原体，从而对眼睛起到保护作用。

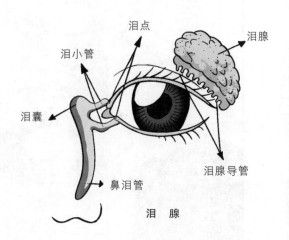

泪点
泪小管
泪腺
泪囊
泪腺导管
鼻泪管

泪　腺

气管(气道)内的黏液

气管是空气的通道，其内侧有分泌黏液的黏液腺与无数竖起的纤毛。这些纤毛的长度为 5 微米~50 微米，直径为 0.25 微米，又细又短，会向一定方向有节奏的摆动。

侵入气管内的异物及病原体会被气管壁上黏稠的黏液粘住，还会因为纤毛的摆动向上升，通过打喷嚏或咳嗽，以鼻涕或痰的形式被排出体外。

胃内的胃酸

食物进入胃时，胃里的胃酸能起到消化与杀菌的作用。当病原体随着食物进入胃里面时，胃酸会将病原体连同食物一起分解。另外，有害物质进入胃里，胃黏膜受到刺激，也会保护性地引发人体呕吐，以此保护我们的身体。

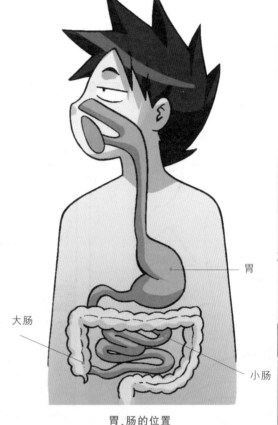

胃

大肠

小肠

胃、肠的位置

肠道内的黏液

我们的肠道内充满了黏稠的黏液，能阻止病原体进入血液内。另外，我们的肠道内还含有数十万亿个益生菌，能够抑制有害菌群的繁殖，以维护人体健康。

血液中的干扰素

血液在感知到进入我们体内的病毒的瞬间，为了增强免疫力会制造出一种叫"干扰素"的糖蛋白(在血清、黏液、细胞膜中广泛存在的糖与蛋白质相结合形成的化学物质)。它具有抗病毒和抑制细胞增殖的作用，目前正在被开发为相关疾病的治疗药物。

第3章
口唇疱疹病毒

快点!

哎呀!又迟到了。

注意!从今天开始我们要离开原住民村落,正式开始丛林探险了!

智伍,快点来!

好，出发！

喂，快醒醒吧！

等一下！

智伍！你……

什么？我吗？

你嘴唇上长了什么？

这个吗？从昨天开始就很痒，今天早上就这样了……

挠痒

别挠！那是病毒！

啊？

嘀咕

嘀咕

病、病毒?什么，什么呀?

说的是你的嘴唇。

唰

这只是累了上火引起的。

是病毒没错!

别靠近我!

这种名为单纯疱疹1型的病毒,又名"唇疮"。感染后病毒会安静地潜伏在体内,免疫力下降时就会先在嘴唇周围出现。

你是单纯疱疹1型病毒的感染者!

感染病毒?

医生，会
传染吗？

病毒当然会
传染了。

就像疣或红眼病会传染一样，病毒会通过身体接触传染，所以大家的毛巾和生活用品全部要分开使用！

呃啊！说是会传染的！

怎么会这样？那是谁传染给我的？

嗖嗖

唰！

要是被我找到……

先涂上抗病毒的药物吧！这可以缓解症状，但免疫力下降时还是会复发的。

啊，真的吗？

你从现在开始被隔离了。你远远地跟着我们吧。

啊？

咬住

太过分了！假如我被毒蛇咬到，昏迷了也没人知道啊。

那我和你一起走吧。

皮皮！

你才是真正的朋友！

我想了想……

这种病毒，好像我也感染过。以前嘴边的水疱这样那样的有很多呢。

哈哈哈哈

哈

原来是这样啊！

这有什么好得意的？

45

70%以上的人都可能感染过这种病毒，看皮皮的状态，八成是感染过的。

啊？我的状态怎么了？

你的手不是很脏吗？怎么不去洗洗？

那么向导和我先走，医生你照顾这两个孩子吧。

惊呆

啊？为什么让我照顾他们？

你是医生，照顾他们最合适了。

尽、尽管是这样……

哈哈哈

那……你们隔着一段距离跟着我们吧！

你们绝对不要和智伍接触。出发！

这样对我太不公平了！

保持这个距离，不要再靠近了！

我还不愿意靠近你呢！

哼！他的装备是不是太离谱了？这么热的天，还戴着口罩和手套！

职业意识这么强，真的好酷哟！

酷什么！你的眼睛长歪了吗？在我看来……

啊！

？

怎么了？

呃！突然想去上厕所。

大叔，大叔！

不是，那个……哥哥、大哥！

我听见了，你站在那里说吧。

那个……我急着上厕所！

你真是……

丛林里哪儿有厕所啊？随便找个地方解决吧！

不行，我想大便！

嗯？

呃

呃……不管了！我……我去去就回。

你去哪儿啊？差不多远就行了。

不用去很远！

噗

噗

哎呀！差点就出大事了，终于活下来了。

臭气熏天

漂

浮

对了，没有手纸啊！直接用水洗洗？

啊，那是什么？

死、死了吗？

不止一两只，好像是谁在河里投毒了。

不可能，是你看错了吧？

是真的，我看得很清楚！

在村子里从来没见到啊……

所以我才不想来！

AI太恐怖了。

AI？那是什么？

难道……

是AI？

AI是指 Avian Influenza，也就是禽流感的意思。

这是一种在禽类之间传播的急性病毒性传染病，致死率极高。一旦发病，禽类很可能会成群死亡。

你没摸死去的水鸟吧？

我没摸！只是刚才大便的时候看到了。

你不是说那是在禽类之间传播的病吗？

呃啊！

味 味 味

喀喀喀,你这是干什么?

先消毒吧。

原先只是在禽类之间传染的疾病,现在也会传染给人类了。

啊,人类吗?

为了生存,病毒会根据不同的情况发生变异,通常来说,人类是不会感染禽流感的,但从禽流感首次被发现到如今,禽流感病毒产生了变异,宿主＊发生了改变。

所以,禽流感也会传染给人类,病禽的排泄物是传播的主要途径。

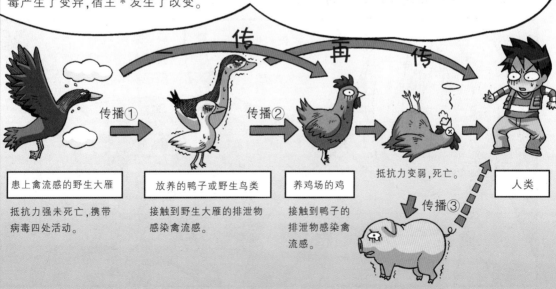

传 再 传

传播① 传播② 传播③

患上禽流感的野生大雁

抵抗力强未死亡,携带病毒四处活动。

放养的鸭子或野生鸟类

接触到野生大雁的排泄物感染禽流感。

养鸡场的鸡

接触到鸭子的排泄物染禽流感。

抵抗力变弱,死亡。

人类

农场的猪

被鸡的粪便或病死的鸡感染。

＊宿主:为寄生在自己身上的生物提供营养的生物。

听起来有点可怕呀!

好像我们村养鸡场的大婶就是因为患了禽流感而去世的呢。

什么?!

几年前禽流感大流行,养鸡场的鸡也患病了。后来大婶被感染了,症状与流感相似。大家都以为是流感,等她去世后经过检查才知道是禽流感。

啊啊 啊啊

我得赶紧去村里通知人们发生了禽流感。啊哈,那么我先……

啊,你说现在要回村子?你自己……

医生!!

你快去那边看看吧!向导好像病了。

出发的时候还好好的……突然又咳嗽又发烧,还浑身瑟瑟发抖。

喀喀

喀喀

现在看来是呼吸道感染,早上都没出现症状,这说明发病速度很快。

我先给你一些退烧、缓解疼痛和止咳的药。

那、那就这样。

喀喀

喀喀

抖抖

吃了药就能好了吗?

咔咔

这些药只能缓解症状。

就像普通感冒一样,感冒是自愈性疾病,普通感冒不吃药一周能好,吃药也要一周,吃药只能缓解症状。

你挺专业的啊。

哈哈

向导怎么样了?病得不严重吧?

有没有队员与向导接触过呢?

我就在向导的身边……

后面还跟着几个孩子……

水

马上全部实行隔离!

哼,呼吸道感染也要隔离?那还怎么进行探险啊?

要隔离的话我是第一个

什么呀?刚才不是把我隔离了吗?太不公平了!

太不公平了!太不公平了!太不公平了!

你说不公平?我可不是那种人!那就公平地实行隔离吧!

怎么隔离?

你们在营地的这边!

我们在这边。怎么样,公平了吧?

呼吸道感染的人也要隔离!

这样只是把我们隔离开了!

一点都不公平!

智伍!

57

探险是对自然的挑战，也是对自我力量的挑战！只是呼吸道感染，不必大惊小怪的！

大、大惊小怪？

遇上一种病毒就可以击垮整个探险队！看来你们还不知道病毒的危险性啊。

什么?!

丛林里好像发现了禽流感，探险队也要小心。

哼，禽流感，那不是禽类得的病吗？

反正我已经通知到了，那就……

呃……

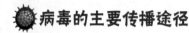

病毒的主要传播途径

空气传播

感染者咳嗽或打喷嚏时,带有病原体的微粒(≤5微米)会散播到空气中,这些微小粒子肉眼看不到,又小又轻,可以在空气中飘浮很久,就算是距离比较远的人,也有可能被传染。以空气为主要传播途径的病毒有麻疹病毒、水痘病毒等。

飞沫传播

感染者咳嗽或打喷嚏时,带有病原体的飞沫核会随着唾液一起喷射到空气中,此时的唾液飞沫一般5微米大小,相对来说较大、较重,会较快下落并黏附在周围的物体上。一般进入1米范围内的人较容易接触到病毒被传染。

接触传播

感染者的手上很容易携带病毒。感染者呕吐、排泄后,手没洗干净去触摸物品时,手上的病毒就会黏附在这些物品上,旁人触摸到这些物品后,手再接触到自己的眼睛或嘴巴时,可能就会感染病毒。

粪口传播

粪口传播是指病毒通过大便排出感染者的体外,污染食物、衣物、水源等,然后通过接触进入其他人的消化道的传播方式,也叫作"消化道传播"。

☀ 减少病毒传播的最简单的办法——洗手

减少病毒传播的最简单的办法就是洗手。手是人与各种病原体接触最多的部位，普通人的一只手上可能有数十万个细菌。触摸到眼睛、鼻子、嘴巴、皮肤等时，黏附在手上的病原体就会不知不觉地进入人体使人感染疾病，并在接触食物、物品时再传染给其他人。常见的呼吸道疾病——感冒，也会通过接触来传播。

因此，近期流感或新型冠状病毒流行时，最为推荐的预防办法就是勤洗手。正确洗手可以预防 60% 的传染性疾病。

正确地洗手

为了防止感染病毒，要正确地洗手。要在手上抹上肥皂或洗手液充分搓出泡沫后，再用流动的水仔仔细细清洗干净。用肥皂或洗手液洗手，能洗掉手上 99.9% 以上的病毒与细菌。若与外界接触过多，应提高洗手频率。

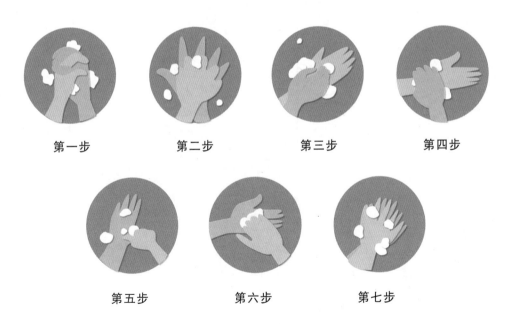

第一步　　　第二步　　　第三步　　　第四步

第五步　　　第六步　　　第七步

七步洗手法

第4章
倒下的孩子们

探险第三天

烟雾 缭绕

啊啊啊

烟雾 缭绕

饭……都煳了!

啊,那边的人也都没有精神啊!

皮皮!你又去哪儿了?

那边营地的孩子们纷纷病倒了,据说已经倒下十几个了。

居然一点小感冒就倒下了！这些家伙身体太虚弱，根本没资格来参加探险营。

哈~

喀喀 喀喀

啊！你不会也被传染了吧？

营地那边的病人都是先咳嗽，然后流鼻涕、发冷、浑身疼痛，还会发烧……与向导大叔的症状完全相同。

喀喀 喀喀

我不是的！我是因为烟太呛了才咳嗽的！

喀喀

是吗？凯恩哥说人体要清除被病毒侵入的呼吸道内的分泌物，才会咳嗽的。

那、那营地的孩子们会不会是……感染了禽流感呢？

队长也问了相同的问题。

难道是禽流感？

然后，凯恩哥说……

63

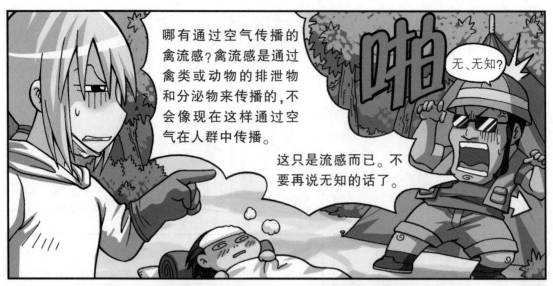

哪有通过空气传播的禽流感？禽流感是通过禽类或动物的排泄物和分泌物来传播的，不会像现在这样通过空气在人群中传播。

这只是流感而已。不要再说无知的话了。

无、无知？

喊！

哼！

有什么了不起的！

凯恩哥一直在辛苦地照顾生病的孩子们！

什么？流感？说话没原则！一开始不是说呼吸道感染吗？就像感冒一样！

什么？出尔反尔？

嗯，感冒严重了不就是流感吗？

这你就不懂了！感冒不管多严重都是感冒。流感则不同。

因为是最近学习的内容，所以我很了解。

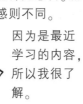

感冒与流感虽然症状相似，但感冒只有咳嗽、流鼻涕等症状，大约持续一周左右，通常没有并发症。

别无病呻吟了！你不会死的。

但流感可能会引起并发症，严重的话甚至会有生命危险。

救命啊！

哈哈哈！

感冒多数是由鼻病毒引发的疾病，流感则是流感病毒引发的疾病。

智伍也不错嘛。

所以，注射了流感疫苗，并不能预防感冒。

如果说大家是感染了流感病毒……

啊？

呼

现在他们才是不能接近呢。

嘿嘿

我去捉弄一下他们！

嘿嘿

智伍……

队长！

智伍！不要靠近我们！

这、这是什么呀？

叫隔离线怎么样？

和我感染的病毒不同，你们感染的流感病毒会通过呼吸道传播。啊，好恐怖！

臭小子！现在是开玩笑的时候吗？

啊！不可以越过隔离线哟！

队长……

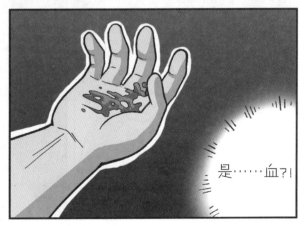

哎……真该早点离开的。

现在才算是安全了。

咦?

找到了!

嗖

嗖

啊啊啊啊

啪

放开我！我要回村里去。

不行！营地需要你！

嗖

现在更危险的是……禽、禽流感啊！我要赶快回到村里告诉大家！

要提醒村民们尽量不要接触病禽，做好个人防护。

啊呜啊呜！我什么也听不见！

摇头摇头

反正赶紧和我走吧！

皮皮！大叔！

嘿

我们的身体是如何与病毒战斗的

当病毒侵入我们的身体时，人体免疫细胞会找到病毒的聚集处并进行攻击。这时我们的身体会表现出各种各样的症状。

发　烧

当我们的身体与病毒战斗时，人体免疫细胞会分泌多种细胞因子，刺激下丘脑的体温调节中枢，让人体的体温持续升高，体温升高能减缓病毒的增殖，这样有利于免疫细胞更有力的战斗，同时发热也会促使人们卧床休息，保存能量，给身体和免疫系统足够的修复时间。

人体体温调节中枢主要是通过两种方式来升高体温的：一种是通过打寒战让肌肉快速收缩产生热能，另一种是让体表的血管收缩，减少皮肤的热量散失，从而保持热量。这也是我们在发烧前期会感觉很冷的原因。

虽然发烧有助于我们打败病毒，但是额外会让身体消耗很多能量，体温升得越高，体能就损耗越多。因此，发烧后，我们要多摄入富含蛋白质的食物，比如鸡肉、牛肉、鱼虾等。

口　渴

　　感染病毒发烧时，人的体表温度会升高，人体内的水分会大量流失，因此，我们会觉得口渴。这种情况下，想喝水，想吃水果，都是我们的身体在发出需要的信号。摄取充足的水分、多吃水果和蔬菜、补充维生素C，都有利于帮助我们打败病毒，恢复身体健康。

咳　嗽

　　感染病毒后，很多人都会出现反复的咳嗽，这是由于病毒侵入上呼吸道，让呼吸道黏膜充血、浮肿、分泌物增加，刺激到支气管所引起的症状，有时候还可能会伴有少量的咳痰。相比普通咳嗽而言，病毒感染引起的咳嗽，在治疗上需要的时间要长一些。

呕吐和腹泻

　　病毒侵入人体后，如果侵及胃肠道黏膜，就会引起人体的呕吐、腹泻等消化系统症状。呕吐、腹泻症状严重的患者可能会引起脱水的情况，需要大量补充水分和电解质。

第5章
拯救营地

咯血说明气管、支气管或肺组织有出血……

能做的应急措施都做了。

躺着咯血会有窒息的危险……

不过你们俩……

怎么了？

居然没戴手套！

不是戴口罩了吗？

只戴口罩是不安全的！病毒会通过不易察觉的伤口进入人体内。在接触感染者的血、呕吐物、排泄物时，一定要戴上手套！

戴手套或摘手套时，小心不要碰到手套外侧。尤其是摘手套时，不要一下子脱掉。要将手套两侧末端折叠后，抓住内侧将手套脱下来，直接丢入垃圾桶。

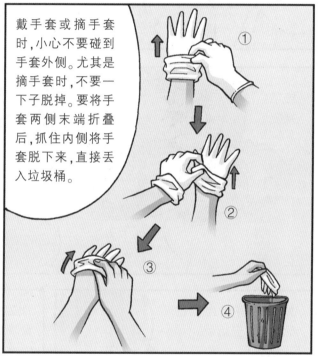

啊，看来又要咯血了！

血?！

呃啊啊啊！血！

我不干了！不干了！不干了！

那、那怎么办？

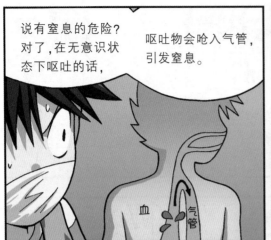

说有窒息的危险？
对了，在无意识状态下呕吐的话，

呕吐物会呛入气管，引发窒息。

血

气管

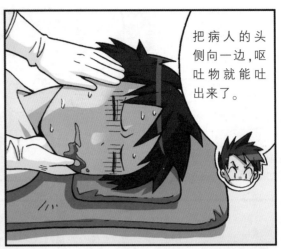

把病人的头侧向一边，呕吐物就能吐出来了。

接下来呢？

接下来怎么办？

不、不知道！我不知道！我不干了！

如果你有恐血症的话，那你告诉我……我来做！

什么？你凭什么命令我啊！

不然你自己来！

把冷毛巾敷在病人头上!

抖抖

早就应该这样了。

这样应该好一点了……

啊?智伍,看这儿!

抖抖

嗯……嗯?是疹子呢!

这边这个孩子身上也有疹子!

什么?!

再看看其他孩子!

这是怎么回事呀?

身上全部都有疹子!

这边也一样!

什么?!

全部停止行动！

你们知道为什么要戴口罩吗？

为什么？

感染者打喷嚏时，微小的呼吸道飞沫会以超过每秒50米的速度飞出！

再快点！

更远！

飞沫虽然会在短时间内干燥，但失去水分剩下的蛋白质和病原体会以干燥的状态在空气中飘浮数小时左右。

飘飘

游游

也就是说，在这密闭空间内病毒会吸附在你们的手上或者身体上，很容易进入你们体内！

厚厚一层

先粘在手和衣服上吧。

所以……

马上出去洗手并查看自己的身体，然后分成有疹子和没疹子的两队！知道了吗？

83

在空气中迅速传播？

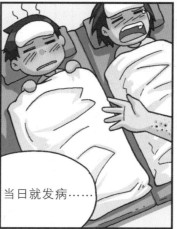

当日就发病……

还有咯血的
症状……

喀
喀

这不是流感
病毒！

什么？

现在你说的又是
什么意思啊？

凯恩医生！我一直戴着口罩,怎么也被传染了呢?

你的口罩是什么时候换的?

这种时候还说什么换口罩啊?

口罩虽然可以隔离污染物质,但也很容易被污染。另外,因为口罩内湿度很高,有着细菌繁殖的优良环境,所以必须像勤换内衣一样,勤换口罩!

很干净嘛!

我还以为只要戴了就行了呢。

一次性口罩用完一次就必须扔掉!

继续进行探险太勉强了。马上向村子发出求救申请吧!

哇啊

怎、怎么发?

翻找

翻找

当当

这是用来和原住民村落联络的求救弹！

事先约定好了，出现紧急情况时点燃求救弹进行联络。

哇啊！

不赶紧放，还等着干吗？

收到求救信号后，村子里会发射应答火花，然后马上派救援队来！

砰

哗啦哗啦

寂　静

没有应答信号啊！

静悄悄的……

不、不可能这样啊！

手忙脚乱

不用担心！还有很多求救弹呢！

砰　砰　砰

怎么办？大家都害怕极了。

呜呜呜

吵吵嚷嚷

大家振作点！俗话说，即便被抓进老虎洞，只要打起精神来就会有出路嘛！

我来！我去村里寻求援助！

真的吗？

是的！

真是个好想法！

你是拯救我们的英雄啊！

抓紧

我是……英雄？

嘿嘿嘿

智伍！收起你的幻想，先洗洗手吧！

这是通过空气传播的病毒，不容小觑。

去村里请求援助很危险，凯恩医生也一起去吧！

什么?!

讨厌！不去，我不去。

你让智伍自己去吧！

队长，我和智伍一起去吧。

是吗？

是啊，比起病毒蔓延的这里来，还是去求救比较安全。

惊

呆

成群结队

凯恩哥，一起去吧！

成群结队

成群结队

这、这个！我也一起去吧……

哇啊

喀喀

孩子们,我一定会给你们搬救兵来的!

你们一定要等我回来!

安安静静离开不行吗?你嘚瑟*什么?

我不是嘚瑟,我是英雄!你嫉妒了吗?

哈哈哈哈

口罩!

* 嘚瑟:因得意而向人显示、炫耀。

哎哎哎哎

那个蜘蛛网上有很多虫子……

我就知道会这样。

93

🦠 恐怖的病毒 1

引起感冒的病毒

最常见的疾病——感冒就是由病毒引起的疾病。但是,导致感冒的病毒并非只有一两种。大部分的感冒通常由鼻病毒引起,此外还有冠状病毒、腺病毒、副流感病毒、埃可病毒、柯萨奇病毒等多种病毒都会引起感冒。

感冒的症状有流鼻涕、鼻塞、嗓子疼等,通常还有多痰、咳嗽等呼吸道症状,还会伴随着发烧、头痛、肌肉疼、浑身无力等全身症状。因为引发感冒的病毒原本就多种多样,每种感冒的症状也不尽相同,所以也无法研制统一的感冒疫苗。

患上感冒时,只要保证充分的休息、摄取充足的水分、提高身体的免疫力,成人5天、小孩7天左右就能自然痊愈。如果感冒引起嗓子疼痛时,可以适当吃一些药物来缓解症状。

流感病毒

由流感病毒引起的急性呼吸道传染病——流感的传染性极强,它通过飞沫和接触传播,可以引起大规模的流行。

冬季常见的感冒与流感是彼此完全不同的疾病,但由于其症状相似,因此大部分人分不太清楚。一般来讲,流感的症状比感冒更为严重,往往伴随着突然的高烧与严重的肌肉酸痛。免疫力低下的老弱人群还可能会引起肺炎等并发症,虽然死亡

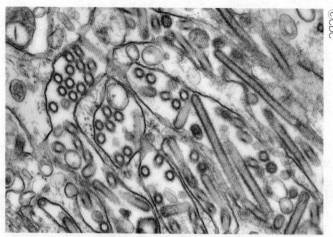

©CDC

电子显微镜下观测到的 A 型流感病毒(H5N1 亚型)。

率不高,但由于传播速度快、流行范围广,也是令人避之不及的疾病。目前已经研发出一些流感疫苗,我们可以通过合适的疫苗接种来预防流感。

SARS 病毒

感染 SARS 病毒,会引起"严重急性呼吸综合征",是一种急性呼吸道传染病。SARS 曾在 2002 年冬到 2003 年春肆虐全球,让人们一度陷入恐慌之中。

感染 SARS 的初期症状是 38℃以上的高烧与头痛、肌肉痛,重症病例会出现干咳、胸闷、呼吸困难等呼吸道症状,病死率约为 10%。2003 年 4 月 16 日,世界卫生组织(WHO)正式确认了 SARS 病毒是冠状病毒的一个变种。

人类免疫缺陷病毒(HIV)

HIV 是会破坏人类的免疫系统,让人患上"获得性免疫缺陷综合征(艾滋病)"的病毒。感染 HIV 的患者若不进行治疗,会因免疫系统被破坏而死亡。这种病毒主要通过感染者的血液和体液传播,通常情况下,唾液及汗水、眼泪、鼻涕或呼吸道分泌物等不会传播病毒。另外,病毒可能会通过未愈合的伤口侵入,通常健康的皮肤是不会被侵入的。一旦被 HIV 感染,身体就会终生携带病毒,必须通过服用抗病毒药物才能控制病情、恢复免疫力并延长生存时间。

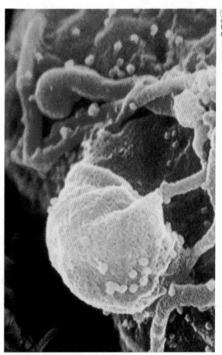

©CDC

在淋巴球中增殖的 HIV 病毒。

第6章
危险的丛林

是这条路吗？要在太阳升起之前到达才行呢……

在夜里通过丛林真不是个好想法！

这条路没错的！相信我的记忆力！

正是各种夜行动物出没的时候，却只给了一支麻醉枪来防御……

呃啊啊！

什么，什么啊？

出现什么了？

啊！这些蚊子！

喂，我差点就开枪了！

你想挨一枪吗？

蚊、蚊子老咬我！

真的很疼啊！

是吗？我一次都没被咬过呢。

因为我的血液香喷喷的，所以只咬我吗？

哦，味道真是一流！

哎，还是小孩子的好！

又说无知的话！经常被蚊子叮咬是有原因的。

嘿嘿嘿，无知的家伙！

那么或许……是因为我帅气的外表?

只是因为你流汗比较多而已!

发飙

蚊子对二氧化碳较敏感,喜欢体温较高、汗腺发达的人,还喜欢使用化妆品或香水的人。

CO_2

我的梦中情人

太美了!!

所以女性比男性更容易被叮咬。

不可能吧?!那为什么不咬皮皮呢?

流汗了吧,没洗吧,而且还是女生!

皮皮不是拿着火把吗?我说过蚊子喜欢二氧化碳,蚊子被火把燃烧时释放出的二氧化碳所吸引,所以就不叮咬皮皮了。

原来这是蚊子火把啊?

反正不被蚊子叮咬的最好办法,就是像我这样保持清洁干净。

知道吗?

哼,我也不能就这么挨咬!

翻找翻找

哎呀!

是田鼠啊……
我还以为是什么呢。

别坐下!老鼠等啮齿类动物会传播汉坦病毒!

汉、汉坦病毒?那又是什么?

哈哈哈,讨厌的人类,尝尝我们大便的味道吧!

这么小的老鼠居然也会传播病毒……

汉坦病毒引起的疾病叫流行性出血热,潜伏期一般为2~3周,症状有发热、出血、低血压休克及肾脏损害等。

在草坪等地随意坐下时,带有病毒的老鼠分泌物及排泄物很容易通过接触传播进入人体,使人感染。

吱吱吱吱

扑腾

咋啊啊啊

啊,蝙蝠啊!

咋啊啊!

吱 吱 吱

什么声音?

看那儿!

啊！哪儿来的这么多猴子？

皮皮！

危险！

谢、谢谢，智伍！

啊,流血了!

嗯,这点小伤口抹上口水不就行了?

停下!

妈妈呀!

在这种地方绝对不能对伤口掉以轻心。如果被丛林的野生动物抓伤了,有可能会感染病毒,尤其是野生的猴子。

感染病毒?

我听说野生猴子可能会携带狂犬病毒!

哎

是啊,无知的你怎么会知道?

你说谁无知呢?

智伍说得对,狂犬病病毒会在野生动物与人之间传播,野生猴子可能会携带狂犬病病毒。

一旦感染狂犬病病毒,如果不及时采取有效防治措施,可能会导致严重的中枢神经系统急性传染病。

但你怎么确定这群野生猴子就携带了狂犬病病毒呢?

狂犬病病毒常见的宿主是狗或猫,猴子并非主要宿主。

虽然猴子传播狂犬病的概率相对较低,但并非不可能。

好了!

唔

不过它们看起来很健康啊!应该没有携带病毒吧。

是啊,是啊!

可是,我们不能掉以轻心。

狂犬病病毒对猴子影响不大。因为不同的病毒攻击的物种也不相同。

有些病毒,猴子接触后不会引起什么明显症状,但是人类接触后会引发各种疾病。

就是说,光看猴子的外表是无法得知它们有没有感染病毒的!

啊哈哈,因为听了恐怖的话才觉得这样吗?感觉阴森森的,是吧?

不是吧,刚才四周突然寂静下来了……

这么看来……

寂静

刚才还很嘈杂的猴群……

像消失了一般……

寂静的原因……

沙沙

难道有猛兽？

嗖

咔

恐怖的病毒 2

由蚊子传播的病毒与疾病

黄热病

这是被热带丛林携带了黄热病毒的伊蚊叮咬后感染的疾病。症状主要有高热、头痛、黄疸、蛋白尿和出血等。严重者可能会出现昏迷、咯血、休克等症状。17世纪到19世纪，黄热病曾经在许多国家流行，被视作最危险的传染病之一。不过，黄热病一旦治愈，人体会获得永久免疫。1937年，黄热病疫苗被研制出来之后，这种病成为可以预防的疾病。

黄热病主要流行于南美洲、中美洲和非洲等热带地区，亚洲的热带国家也有分布。因此，在访问黄热病容易出现的国家之前，必须接种疫苗才能入境。

登革热

这是一种由携带登革病毒的伊蚊传播的疾病。因为目前预防登革热的疫苗还处于研发阶段，在很多国家还未被批准使用，所以在登革热流行的地区，一定要尽量避免被蚊子叮咬。

感染登革病毒会出现发热、疼痛、皮疹、淋巴结肿大等症状，重症患者可能还会出血和休克。登革热主要在热带和亚热带地区流行，其中东南亚、西太平洋地区和美洲较为严重。

©CDC

传播黄热病的埃及伊蚊(左)和传播登革热的白纹伊蚊(右)。

由动物传播的病毒与疾病

狂犬病

狂犬病是一种人兽共患性疾病,主要在野生动物及家畜中传播。人感染狂犬病通常是被携带狂犬病病毒的动物咬伤所致。狂犬病病毒会侵入人的中枢神经并增殖,破坏向我们身体传达命令的神经细胞,最终导致感染者对光、声音、水等外部刺激产生异常敏感的反应。因此,感染者只要看到食物或水就会发生疼痛与痉挛,既不能进食也不能喝水,最终全身麻痹而死。目前,对于狂犬病尚缺乏有效的治疗手段,人患狂犬病后的病死率极高。

禽流感

禽流感是一种在鸡、鸭等家禽与野生鸟类之间传播的急性病毒性疾病,主要由 A 型流感病毒引起,由于是通过野生鸟类传播,传播速度非常快。高致病性禽流感对鸟类的致死率极高,有非常可怕的破坏力。

人类感染高致病性禽流感的例子也屡见不鲜,主要是通过接触野生鸟类的分泌物被感染。2013 年所发生的在人与人之间传染的 H7N9 新型禽流感,令全世界异常紧张。这种禽流感的感染症状与流感的症状相似,但重症患者病情进展迅速,会引发急性呼吸窘迫综合征以及多器官功能衰竭,甚至死亡。目前,全世界的科学家都在致力于开发禽流感疫苗。

流行性出血热

流行性出血热是由汉坦病毒引起的,以鼠类为主要传染源的一种急性传染病。通常来说,接触到含有汉坦病毒的鼠类尿液、粪便,再触摸自己的眼睛、鼻子、嘴巴等就有可能会感染。如果被携带汉坦病毒的鼠类咬伤或者呼吸到含汉坦病毒的气溶胶也有感染的危险。一旦感染流行性出血热,会出现头痛、腰痛、眼眶痛及低血压、休克等症状。如果要去汉坦病毒的流行区探险或旅游,可预先接种流行性出血热疫苗,防止被感染。

第7章
回到原住民村落

那边……看见村子了！

我们做到了！

啊……有救了。

真是太辛苦了啊。

现在困难总算都过去了！

酋长！我们来了！

沙沙沙

奇怪啊，为什么没人出来？

酋长！

空荡荡

这家很奇怪,其他地方怎样?

一个人都没有。

这儿也没人!

村里居然空无一人……

而且这股消毒液的味道……

这、这个……

肯定是村里发生什么事了!

别说那些不吉利的话!

也许有别的原因……

啊刷

啊？

呃啊！血呀，血！

树上为什么有人血……

不是人血。

不是有羽毛吗？应该是动物的血。在传染病流行时，原始部族相信在树上涂上动物血就能消灾。

传染病?!

113

呜!

凯恩哥!

医疗室!

快找药品!

怎么会这样?医疗室里……

一片狼藉啊!所以我们发求救信号才没有人应答!

啊,是无绳电话!

无绳电话?

先用这个给营地发出求救信号吧!

哎,这么偏僻的地方无绳电话能通吗?连通信站都没有吧?

不是!那是卫星电话,可能会通呢!

看!

啊?

因为卫星电话是靠通信卫星接收电波的,所以只要能看到天空,不管在哪儿都能通话!

听得见吗?

哇,听得很清楚!

不过要往哪儿打求救电话呢?

WHO?

WHO 是世界卫生组织的缩写,CDC 是什么?更好的地方吗?

字号更大呢!

CDC 是美国疾病控制与预防中心。

一旦发生大型传染病疫情,各国的疾控中心通常会派出专家进行流行病学调查,以求迅速而科学地找到治疗与预防方法。

他们的工作重点就在于预防及控制传染病。

流行病学调查是什么?

嘿

哎……得赶快发出求救信息!

坐立不安

流行病学调查就是查明疾病传染途径及暴发与流行的发展趋势。

啊

通过调查找出致病原因,例如……

哎呀,我的肚子!

首先核算潜伏期,找到致病日期……

食物单
3 4 5
汉堡
事件发生日

肯定是这一天发生的事!

假设某班的孩子都食物中毒了……

原因就是这个……

食物中的霉菌

了解那天学校提供的食物、调查食材的流通途径,来找出致病原因……

那么可以联络 CDC 了吧?

被你气死了!

你以为随便谁报告 CDC，他们都会行动吗?

滴
滴
滴

那你怎么不早说呢?

勃然大怒

嘟嘟嘟嘟

咔嗒

是,这里是应急救援队本部。

是,我要发求救申请。

来边远地区探险的孩子们被困在营地了。

好像是感染了某种未知的病毒。位置是……

啊?
没有救助的人员?

那是什么意思?!
让我们等着……

这儿的情况现在……

喂!

我们不能等了,孩子们的病情很严重!

听好了!原住民村落西北方向15千米的丛林里……

是原住民村落吗?

是!

现在就出发?
啊,谢谢了。

是,请尽快!

哇啊

听到位置马上就出发了。为什么?

什么?

是不是被我的魅力打动了呢?

你有什么魅力啊?

哈哈哈

啊?

怎么了?

那边有烟雾!

在那边!

酋长……

谁…… 谁呀?

咚

咚

啊,是住在山上的老爷爷!

你认识这位老爷爷吗?

他住在山上?

听说他为了供奉守护神,一辈子生活在山上。村里的人每天往山上送饭,因为他的预言很准呢!

手舞足蹈

♪~

午饭送来喽!

那他现在下山干什么?

这个……没人给他送饭了,估计是下来找吃的吧?

那是从人们不见了的那天就饿肚子了吗?已经好几天了啊!

喀

嘟

咔 咔 咔 咔

咕 噜 噜 噜

嘟

打嗝

什么呀？原来是土豆！

吃着这个突然说话，所以才打嗝的。

打嗝

打嗝

吃热的或刺激性的食物，吃得太快时就会打嗝。

打嗝

打嗝

打嗝是由于横隔膜痉挛收缩引起的，一旦开始就很难停住，有点痛苦……

与病毒相关的组织与科研机构

世界卫生组织

世界卫生组织(WHO)是国际上最大的政府间卫生组织,是联合国下属的一个专门机构,本部设在瑞士日内瓦。世界卫生组织的宗旨是使全世界的人民获得尽可能高水平的健康。

WHO的主要职能是:使会员国的卫生与药品实现标准化,维持与世界各国各种防疫机构的协作关系,率先制定传染病的防治策略。

WHO的徽标由一条蛇盘绕的权杖所覆盖的联合国标志组成。

随着新传染病的不断出现与旧传染病的再次流行,1995年世界卫生组织修订了《国际卫生条例》,为了解决世界性的传染病和人与动物共同的传染病问题,还设立了新出现和其他传染病监测和控制处(EMC)。

美国疾病控制与预防中心

美国疾病控制与预防中心(CDC)是美国创立的第一个联邦卫生组织,20世纪40年代,为预防疟疾而设立。虽然原来创立的目标是战胜疟疾,但是后来逐渐拓展自己的责任范围,除了研究一些常见的传染性疾病以外,还负责很多慢性病、职业性身体失调及诸如暴力和事故等社会疾病的调研。目前,CDC的工作重点在于监控预防各种重大疾病,致力于公共卫生、环境质量、职业卫生的研究,和许多国际国内机构合作,汇集国际人类基因组学研究成果,以期预防与控制危害人类健康的重大疾病。

相关组织与机构所起的作用

应对新病毒的发生

　　SARS 或禽流感等新型传染病发生时，WHO 会宣布进入国际公共卫生紧急状态，并努力阻止疫情蔓延。WHO 会派遣流行病学专家去疫情发生地进行科学系统的流行病学调查，找出有效的防疫措施，调查传染病的病源与发病实情，并发布实施方案。另外，WHO 还会组织专家分离病原体、诊断及检测病原体，争取在最短时间内确定诊断标准及检测方法，并与全球各国共享。疫情结束后，WHO 与各国共享研究成果，继续研究以寻找预防办法与有效的治疗药物。

对以往疾病的研究调查

　　在科学与医学并不发达的过去，曾有过很多种传染性疾病，寻找这些疾病的发病原因也是相关组织与机构的应对措施之一。1998 年，CDC 下辖所属的美军病理学研究所研究员杰弗里·陶贝格尔博士揭开了夺走许多人生命的 1918 年大流感的神秘面纱。他从病理库中保存的 1918 年大流感的病理标本中提取了病毒组织，并发现这种病毒具有与禽流感相似的性质，由此推断当下传播的禽流感所具有的危险性。

©CDC

研究埃博拉病毒的 CDC 研究员。

对新生疾病的研究调查

　　虽然有些疾病的发展到目前为止尚不明确，但是证实其将来发病的可能性或找出潜在的发病原因也是 WHO 和 CDC 等应对机构的职责。例如：1988 年 CDC 提出了"慢性疲劳综合征"这个病例，一直受到世界各国的广泛关注。虽然科学家对其病因、病理的研究一直持续进行着，但是至今仍没确切的结论。

第8章
肮脏的东西

说是诅咒……

我不相信那种不科学的话。

啊！！

哇唔 哇唔

那是在跳舞吗?

吃了一个土豆,还真有精神啊。

看来是村里暴发传染病了。

是啊……

孩子们!

127

什么事啊?

这个村子已经被病毒感染了!

我看了村里人们的诊疗记录,都有高烧、咳嗽、疹子等相同症状。

病毒传播速度太快了,全村的人甚至医疗队都感染病毒了!

唔,看吧。我的思路没错吧?

得意

我也看出来了!

现在是得意的时候吗？我们可是毫无防备地暴露在病毒中呢！

这么一想，我可乱七八糟什么都摸过了！

我也是！

味味味味

现在赶紧戴上手套吧！

要是把病毒传染给我的话，你们就死定了。

我们可是一直一起行动的，还说什么传染！

喀喀

手舞足蹈

爷爷您现在这样可不行，赶快戴上这个……

你给谁拿这些肮脏的东西呢?

肮脏?这东西多干净啊!这可是一次性特殊消毒手套!

就算你想百般逃脱都毫无用处……

呵呵呵呵

和他们一样,你也难逃一死。

您是说村里消失的人吗?

难道他们都死了吗?

快来呀!

呜呜呜,酋长!

抽泣

呜呜

不，他们并没有死。

不要听信这个糊涂老头的话。

只要看求救申请记录就知道了。

因为大家都被救走了，所以村子才空了。诅咒什么的完全是瞎说。

反正都会死去的。

小心！

所以一提到村子的位置，应急救援队就马上出动了。

是啊！

不过那也说明……

被救走的原住民的病是很严重的。

那现在不是这样待着的时候!我们也必须发出求救申请!

我知道了,把电话给我。

勃然大怒

哦,在哪儿呢?刚才还在这儿来着……

啊!

呜呜呜呜

不要!

烟气腾腾

停下!住手!

啪

我再也不能让这些肮脏的东西放在村里了!快给我!

我知道了,先给我。

你知道什么呀?给我闪开!

争执不休

我们把它扔到村子外面不就行了!

呃啊

啪嗒

啊

呜呜!退下吧。

不行!

手舞足蹈

最后的希望也破灭了!

抽泣

呜呜呜呜

啊

嘟嘟嘟

居然走掉了。

虚脱

啪

嗯？这是什么声音？

沙沙沙

感染……

沙沙沙！

是不是收音机的声音？

原来还有收音机?!

刚才从医疗室拿来的,好像出故障了。

看来这儿能接收到电波。

沙沙沙

急速地……

沙沙沙！

丛林……沙沙沙，……怪疾……

等下，丛林不就是说这儿吗？

孩子们得的病叫怪疾吗？

为什么叫怪疾呢？名字真够恐怖的。

你们不知道怪疾吗？

怪疾不是特定的疾病名。

原因不明的疾病初次发生时暂时叫作"怪疾"。

现在广为人知的"SARS"开始出现到未命名之前就被称作"怪疾"。

怪异的怪　疾病的疾

怪疾

是指发病原因、治疗药物、治疗方法等都不清楚的怪异疾病。

……现在播报快讯。

沙沙沙

由于怪疾出现了第一个死亡者……

震惊全世界的病毒

在很久以前,病毒就与人类共存着。虽然在过去的记录里可以找到病毒曾经流行过的证据,但是当时还不清楚流行的原因。进入 18 世纪以后,人们才得知传染病的危险性。随着科学的发展,19 世纪人们开始对微生物与细菌有明确认知,20 世纪开始揭开病毒学研究的序幕。

埃博拉病毒

1976 年被德国的微生物学家在非洲扎伊尔的埃博拉河所发现,根据河的名字命名为"埃博拉病毒"。1976 年 6 月,埃博拉病毒的感染者首次出现死亡病例。一名苏丹籍男子出现头部与胸口疼痛,并由于突发的高烧而昏倒,被送到医院后,从鼻子与口腔、消化道中涌出大量的鲜血而死亡。周围的患者也发生了接触感染,导致出现 284 名感染者,其中 151 名死亡。从初次发现到 2000 年为止,埃博拉病毒在以非洲大陆撒哈拉沙漠以南为中心暴发性地流行着,这种病毒是近些年来所知的病毒中最危险的。但因为感染者死亡速度太快,病毒也是瞬间散播并瞬间消失,所以在非洲边远地区之外还未发现这种病毒。目前科学家们怀疑猴子或蝙蝠是病毒的携带者,正为研究其发病原因而不懈努力着。

在扎伊尔举行的因感染埃博拉病毒而死亡的患者的葬礼。

根据世界卫生组织的统计，埃博拉病毒的病死率高达 25%~90%。唯一阻止病毒蔓延的方法就是把已经感染的病人完全隔离开。针对病毒对人类产生威胁的程度，科学家将传染病原分为 4 个危害等级，其中 SARS 病毒、HIV 病毒都属于第 3 级，而埃博拉病毒则被列入了生物安全等级的最高等级——第 4 级。

中非绿猴

据查，中非有一种绿猴身上携带 HIV 病毒，因为它们同时带有相应的抗体，所以并不会患上艾滋病。

新病毒出现的原因

据研究者调查，进入 20 世纪后出现多种新病毒也与人类侵占了病毒的居住地有一定关系。一些病毒通常只在热带丛林中的猴子或老鼠、蝙蝠等动物之间传播。随着人类的到来，在某种特定的条件下，病毒发生变异，导致新病毒开始在人类之间传播。将来，新病毒还会继续出现，由于交通的发达，病毒在全世界的传播速度也会越来越快。

我们的家园啊……

沙沙沙

第 9 章
全境封锁

第一个因感染怪疾而死亡的人是罗伯特先生，他在 3 年前得过世界生态摄影奖……

沙沙沙

抖抖抖

高烧回国后……

仅 4 天……就死亡了。

这儿是病毒的始发地！继续待下去我们也会感染上的。得、得赶紧离开这里……

一点准备都没有就到丛林去，不会变成猛兽的盘中餐吗？

那就这样回到丛林去吗？

是、是啊。我们……被困在这儿了。就这样坐着等死……

什么话？我们得出去。先在村里找找能用的东西吧。

不行！村里的东西全部被污染了！

那消消毒不就能用了吗？

消毒！

是、是啊。病毒在高温下会被破坏，经过蒸煮就安全了。戴好口罩和手套在村里仔细翻找，把可能用上的东西都带上！

干什么呢？快点行动！

知、知道了！

嗒嗒嗒

147

虽然大叔是最先被感染的……

但他经常与外来人员来往于丛林，应该有很多有用的东西。

果然！一看就知道是救生包！

国际边远地区照片

绳子！这个在支帐篷时会用到。

嘟

呼
呼

这个！

这个！

哎呀，干脆都拿走吧。

哗啦啦

这些怎么能都带走呢?

这都是最基本的!这还是我挑的小而轻的东西呢。有这个小锯在,我们就能砍树!

高度烈酒可以用来消毒,

而且……

知、知道了!能拿得了吗?

交给我智伍就可以了!

这个也带上吧。

这是什么?

是这个村子的大婶制作的消毒水。

嗯嗯!放进去吧,快点!

源源不断

消毒水会有这种又酸又甜的味道吗?

哦,这不是EM原液吗?

?

啊!

是我们能用的东西没错吧?

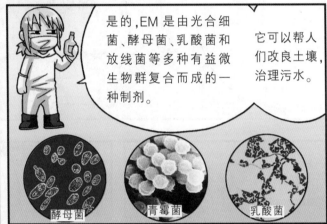

是的,EM是由光合细菌、酵母菌、乳酸菌和放线菌等多种有益微生物群复合而成的一种制剂。

它可以帮人们改良土壤,治理污水。

酵母菌　　青霉菌　　乳酸菌

EM原液也可以用来消毒、净化环境,对必须保持清洁的我们来说非常有用。

嘿嘿!

做得好,皮皮!

准备好了！

是吗？赶快出发吧！

喀喀

怎么嗓子总是这么干？

嘟

哎，水没了？

得去装点水。水在哪儿呢？

咦，怎么还有面镜子？

皮皮，是你把镜子放进去的吗？

不行！！

水被病毒污染的可能性也很大！

但、但是……

病毒在水中可以生存很长时间，所以绝对不能随便喝！

也不能用它洗东西！

千万不要用手接触这些水！

密密麻麻

那么溪水……

溪水也一样！

那么地下水……

我不是说了不行吗？

嗓子干也要忍着！必须马上离开这里！

拖拖拖

皮皮,忍一忍!出去就有干净的水了。

想想酸的食物,攒点唾液试试。

嗯。

哼……

那……现在出发吧!

跟跄

如何预防病毒

预防病毒最简单、最有效的办法就是洗手。回到家当然要先洗手,擤鼻子或咳嗽之后也要洗手。打喷嚏或咳嗽时最好使用纸巾或手绢,注意口水或唾液飞沫不要喷到他人。尤其是病毒流行时,要尽量避免去人群聚集的地方,在必须与人接触时最好戴上口罩。

另外,牙刷、注射器等会沾染血液的物品不要与他人合用;如果被感染者的血液污染的物品造成伤口时,要尽快去医院接受检查或治疗。

水要烧开后饮用,食物要煮熟后食用,维持周围环境的清洁并保证充足的睡眠。这样才能使身体先天具备的免疫机能得到强化,从而能够有效地抵御病毒侵入。

正确戴口罩的方法

由于口罩能起到隔离病毒的作用,所以要尽可能使口罩与脸部紧贴,阻止空气中的病毒进入口罩。

1.选择适合脸庞大小的口罩,将口罩放置掌中,让金属条朝上,头带自然垂下。

2.戴上口罩,将口罩的上下头带绕过头部与颈部并固定好。

3.将双手食指沿着鼻梁金属条,由中间至两边,慢慢向内按压,消除鼻两侧的间隙。

4.双手轻轻遮盖口罩并慢慢呼气,查看是否有空气从口罩边缘漏出,然后慢慢吸气。确认口罩与脸庞是否完全贴紧。

口罩的戴法

一次性口罩用完后即丢弃,普通口罩每天进行蒸煮消毒后再用。口罩内侧容易沾染口腔内的分泌物,湿度很高,适合细菌的繁殖。因此继续使用脏口罩的话,可能比不戴口罩更为危险。

通过空气传播的病毒流行时,最好戴 N95 防病毒口罩,使用一次性医用口罩也可以。

正确戴手套的方法

因为病毒通过手传播的可能性很高,所以预防感染病毒,要戴消毒手套,尽量不要让手受到污染。戴手套时,手套末端应长及袖口处,确保手腕不暴露在外面。

因为摘手套的过程中也有可能使手受到污染,所以摘手套时一定要小心。首先用一只手抓住一侧手套的袖口端,向上折叠并往上拉。脱到一半时,用另一只手抓住另一侧手套的袖口端,同样折叠并完全摘掉后,抓住未摘完手套的内侧把手套摘掉。消毒手套大都是一次性的,使用后要丢弃到指定地点。

其他消毒方法

大部分的病毒对热很敏感,70℃以上的热处理能够消毒,浓度为 0.1mg/L 的氯也可以消毒。在可以加热的情况下,将物品加热到 70℃以上进行消毒;在不能加热的情况下,也可以用氯消毒。一般家庭用的漂白剂浓度为 50g/L,用水稀释 100 倍后也可以用来消毒。

常见的家用漂白剂也有消毒作用。

第10章
再回丛林

也是，都走了2个小时了，是很累了。

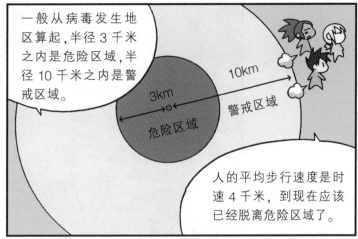

一般从病毒发生地区算起，半径3千米之内是危险区域，半径10千米之内是警戒区域。

10km

3km

危险区域

警戒区域

人的平均步行速度是时速4千米，到现在应该已经脱离危险区域了。

找个地方临时休息一下吧。

必须是没有动物的脚印或排泄物的地方。

你说得对！不能为了躲避病毒而成了猛兽的饭菜。

呃

这是一个原因，另外一个原因是因为现在还不知道这种病毒是源于人类还是动物。

这里很干净,没有排泄物也没有脚印,看起来比别处地势高,好像很安全。

左顾右盼

干脆在这个洞里休息不行吗?

动物将洞穴作为隐身处的概率很大,假如有感染了病毒的动物的话,洞里就比外面更加危险了。

虽然离病毒发生地区有些距离了,但是并不一定就安全了。从现在开始能依靠的只有我们身体的免疫力了。

159

这里……全是椰子。

只吃这个怎么撑得住？我们到底要隔离到什么时候？

是啊，大概要等到产生这种病毒的抗体才行。

抗体？那是什么？

假设你的身体被会引起疾病的细菌或病毒等病原体侵入了的话……

为什么用我来举例啊？！

进入我们身体的病原体叫作"抗原"，为了消灭这些抗原，我们的身体会制造"抗体"。

这是我们身体免疫系统的基本反应。

抗原 VS 抗体

ROUND 1

咚 咚

这个过程中抗原胜利了就会患病。

呃

抗体胜利了就能击退病毒。

举 起

啪

我们体内的抗体会记得从前见过的抗原,并能轻易战胜它们。

吼吼!原来是交过手的家伙呀!

抖抖

啊,我死定了!

但在初次见到的抗原面前,由于没有应对之策而很容易患病。

连图像信息都没有就直接交手?

呵呵,可爱的家伙们……

哆嗦

看起来好强壮!

所以对于大家都熟知的疾病,可以在我们体内放入弱化了病原体的疫苗,事先进行制造抗体的练习。

看起来一般般啊!

你想来打一架吗?

蠕动 蠕动

这样,当真正的病原体进入身体时,人体就能迅速制造抗体并战胜疾病了。

只是个头大,其实和它一样!

哼,之前交过手了。

哇啊!

我们现在还不了解这种病毒的真面目是最大的问题。必须知道是从哪儿开始感染的……

水来了。

皮皮,快来喝这个!

这……是河水吧?

嗯。

咕嘟

因为是河水,不能当饮用水,就当生活用水吧。

那么喝的水……

在 70℃以上,大部分病毒都会被破坏,把这些水沉淀后煮沸,可以用在热消毒上。

要有更干净一点的水才好……

嘟

啊!

哦!

哗啦啦

啪

哎!

哎哎

木头太湿了,点不着火啊。

哗啦啦

国际边远地区照片

对了,我带来了应急物品。

国际边远地区照片

幸亏没湿掉。

咦,怎么有同样的两本书?

国际边远地区照片

明明在向导大叔的窝棚里,我只拿了一本啊!

啊,是机场那位大叔的!

对了,可能是那时我捡起了大叔掉的东西!反正谢谢了,大叔。

唰唰

原来是相同的书啊!好神奇。

向导大叔是从外地客人那儿得到的礼物吧?不过机场的大叔为什么带着旧的杂志呢?

两位都不够幸运!

"世界生态摄影奖"获奖者罗伯特先生,下一期计划刊登原住民村落的内容……

原住民村落的话……会不会是这儿呢?罗伯特先生?

我把水拿来了。

那个摄影家叫什么名字?就是第一个死亡的感染者!

啊,什么摄影家?

国际边远地区照片

唰

之前说的第一个死亡的感染者啊,名字是不是罗伯特?

好像是……怎么了?

你说什么?

看这本杂志!

嗖

那个摄影家来过村里!好像还见过向导大叔!

智伍,你还没点火吗?我好冷。

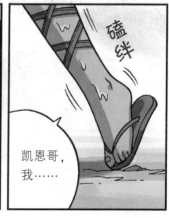

磕绊

凯恩哥,我……

167

你说什么呢？皮皮摔倒了！

朋友都要死了，你还怕被传染，凯恩哥，你自己离远点吧！

皮皮！

醒醒啊！皮皮！

哗

啦

啦

智伍、皮皮、凯恩的命运将会如何？精彩将在《病毒世界历险记②》继续。

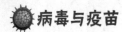

☀病毒与疫苗

我们体内的免疫系统

　　病毒与其他的病原体不同,因为它会在人体细胞内复制增殖,所以要消灭病毒有一定的难度。所幸我们的身体具有一种维持自身"清洁"状态的特殊机能,当我们的身体识别到异己物质时,就会第一时间去排除和消灭它们,这种机能就叫作"免疫"。免疫机能将进入体内的陌生物质当作"抗原",制造出消灭这些东西的物质"抗体",通过"抗原——抗体"反应,将抗原分解,以保证我们身体的安全。

　　但是,抗体并不是总能战胜抗原的。因为抗体一般在病毒进入体内之后才会被制造,所以假如制造时间太晚或比抗原弱时就不能发挥其机能。因此,人们有时候会患病。为了预防疾病,可以选择接种疫苗。

什么是疫苗

　　我们身体的免疫系统的记忆力很好,能够记住只交战过一次的病毒,下次同样的病毒再进入身体时,身体会迅速制造出善于攻击的抗体。因此在健康时将减毒或灭活的病毒注射人体内,在真正的病毒进入身体后,人体会更快速地制造相应的抗体。

　　这种被注射进我们体内的病毒就是"疫苗"。将灭活病毒作为疫苗使用,就叫作"灭活疫苗",19世纪法国科学家巴斯德制造的狂犬病疫苗就属于这一类。今天,随着科学技术的发达,还可以用人为的办法将活着的病毒去掉其毒性或减弱其力量作为疫苗使用,就叫作"减毒活疫苗"。将这些疫苗放入我们的体内以预防疾病,就叫作"预防接种"。

研发了狂犬病疫苗的法国科学家巴斯德。

最早的疫苗开发者

18世纪，英国医生琴纳为了阻止当时流行的天花病毒而使用牛痘接种，这是人类预防接种的开端。当时很多人因患天花而失去了性命，但是挤牛奶的姑娘们却没有患病。琴纳发现这些人因为从牛身上感染了一种叫作"牛痘"的疾病，在康复后就对天花产生了天然的抵抗力，他就将牛痘疱疹中的浆液用作天花的疫苗，因此，天花是现在地球上唯一被消灭了的人类传染病。

琴纳的研究被100年后的法国科学家巴斯德延续。巴斯德从琴纳的牛痘接种中得到启示，在实验室中使用令病毒弱化的办法研发出了狂犬病病毒的疫苗。巴斯德首次使用了"疫苗"这个名称，"疫苗"源自拉丁语中"母牛"一词"vacca"，因为琴纳之前使用的疫苗源自牛，所以巴斯德以此命名。为了纪念巴斯德的功绩，1888年在巴黎设立了巴斯德研究所，它是目前全世界最好的微生物学研究所之一，曾最早分离出艾滋病病毒。琴纳与巴斯德作为开拓了病毒研究之路的伟大科学家，在今天仍受到很多人的推崇。

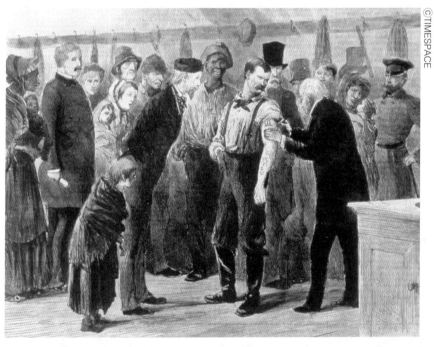

牛痘接种　18世纪琴纳的天花疫苗研发出来后，很多人才得以摆脱对天花的恐惧。

环球寻宝记

★ 阅读轻松有趣的漫画，打开世界的大门 ★
★ 寻找各国文化珍宝，领略别样风土人情 ★

"哪里有宝物，就向哪里出发！"

布卡和麦克为了寻找世界各国历史上的宝物，走遍了全球各地，一路经历各种惊心动魄的冒险和千奇百怪的挑战。凭借着扎实的历史与地理知识，两个男孩在领略丰富多彩的世界文化画卷的同时，能顺利完成艰难的寻宝任务吗？

全套共 33 册（开本：16 开 定价：35.00 元 / 册）

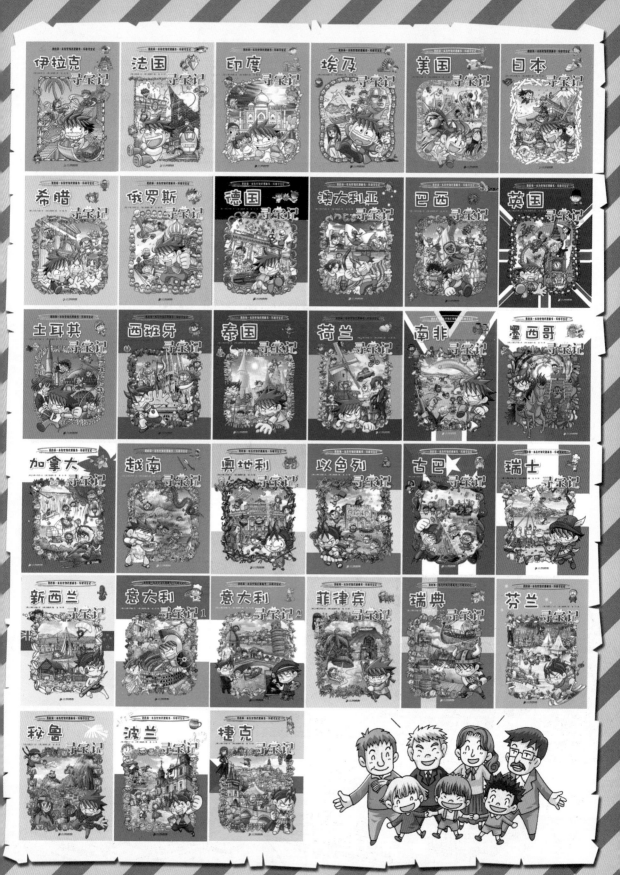

世界城市寻宝记

★ 走进世界名城，激发探索精神 ★

布卡和麦克来到了世界各地的知名城市，这些城市不仅拥有悠久的历史，在今天也活力四射，引人注目。少年寻宝王布卡和麦克，将从这些城市出发，去探索它们的历史、现在与未来。

开 本：16开

定 价：35.00元 / 册

洛杉矶 寻宝记
Los Angeles

大阪 寻宝记
Osaka

温哥华 寻宝记
Vancouver

悉尼 寻宝记
Sydney

伦敦 寻宝记
London

莫斯科 寻宝记
Moscow

雅加达 寻宝记
Jakarta

首尔 寻宝记 1
Seoul

首尔 寻宝记 2
Seoul

济州岛 寻宝记 1
Jeju Island

济州岛 寻宝记 2

釜山 寻宝记 1
Busan

釜山 寻宝记 2
Busan

罗马 寻宝记

曼谷 寻宝记
Bangkok

伊斯坦布尔 寻宝记
Istanbul

巴黎 寻宝记
Paris

新加坡 寻宝记
Singapore

纽约 寻宝记
New York

河内 寻宝记
Hanoi